LEVEL 1

사이언스 리더스

동물들의 특별한 사냥법

멜리사 스튜어트 지음 | 송지혜 옮김

비룡소

멀리사 스튜어트 지음 | 미국의 유니언 대학교에서 생물학을 전공하고, 뉴욕 대학교에서 과학언론학으로 석사 학위를 받았다. 어린이책 편집자로 일하다가 현재는 아동 과학 분야의 작가로 활동하고 있다.

송지혜 옮김 | 부산대학교에서 분자생물학을 전공하고, 고려대학교 대학원에서 과학언론학으로 석사 학위를 받았다. 현재 어린이를 위한 과학책을 쓰고 옮기고 있다.

이 책은 신시내티 동물원 멸종 위기 야생 동물 보존 및 연구 센터의 동물 연구 책임자 빌 스완슨 박사, 메릴랜드 대학교의 독서 교육학 교수 마리엄 장 드레어가 감수하였습니다.

내셔널지오그래픽 키즈 사이언스 리더스
LEVEL 1 동물들의 특별한 사냥법

1판 1쇄 찍음 2024년 12월 20일 **1판 1쇄 펴냄** 2025년 1월 15일
지은이 멀리사 스튜어트 **옮긴이** 송지혜 **펴낸이** 박상희 **편집장** 전지선 **편집** 최유진 **디자인** 김연화
펴낸곳 (주)비룡소 **출판등록** 1994.3.17.(제16-849호) **주소** 06027 서울시 강남구 도산대로1길 62 강남출판문화센터 4층
전화 02)515-2000 **팩스** 02)515-2007 **홈페이지** www.bir.co.kr **제품명** 어린이용 반양장 도서 **제조자명** (주)비룡소
제조국명 대한민국 **사용연령** 3세 이상 **ISBN 978-89-491-6903-3 74400 / ISBN 978-89-491-6900-2 74400 (세트)**

사진 저작권 AL: Alamy Stock Photo; GI: Getty Images; NPL: Nature Picture Library; SS: Shutterstock
Cover (UP), vladoskan/GI; (CTR), Ben Cartland/GI; (LO), suebg1 photography/GI; page border (throughout): (snake), HuHu/SS; (cheetah), AKorolchuk/SS; (shark), Airin.dizain/SS; vocabulary box (throughout), Ken Cook/SS; 1 (CTR), NPL/AL; 2 (UP), Keith Lewis Hull England/GI; 3 (LO RT), Eric Isselée/SS; 4 (LO), Carlos Villoch-MagicSea.com/AL; 5 (UP), Stuart G. Porter/SS; 5 (LO), Michael and Patricia Fogden/Minden Pictures; 6-7 (CTR), wildestanimal/GI; 8-9 (CTR), 3DMI/SS; 10 (CTR), BW Folsom/SS; 10 (LO), Martin Prochazkacz/SS; 11 (UP), B Christopher/AL; 12-13 (UP), Andy Rouse/NPL; 14-15 (CTR), Eric Isselée/SS; 16 (CTR), ZSSD/Minden Pictures; 17 (LO), Keith Lewis Hull England/GI; 18 (CTR), WaterFrame/AL; 19 (UP), Image Source/AL; 19 (CTR), Bertie Gregory/NPL; 19 (LO), Anyka/AL; 20 (CTR), Jim Cumming/GI; 21 (CTR), David Kleyn/AL; 22-23 (CTR), Patrick K. Campbell/SS; 22 (LE), Jim Cumming/GI; 24 (CTR), Jim Cumming/GI; 25 (CTR), Papilio/AL; 26 (UP), Matthijs Kuijpers/AL; 26 (LO), reptiles4all/SS; 27 (CTR), Eric Isselée/Dreamstime; 28 (LO), Mark Conlin/AL; 29 (CTR), Kim Taylor/NPL/GI; 30 (LO LE), Jeff Rotman/GI; 30 (LO RT), Valdecasas/SS; 31 (UP LE), Elsa Hoffman/SS; 31 (UP RT), imageBROKER/AL; 31 (LO LE), reptiles4all/SS; 31 (LO RT), Andre Coetzer/SS; 32 (UP LE), Jim Abernethy/GI; 32 (UP RT), Federico Veronesi/GI; 32 (LO LE), ephotocorp/AL; 32 (LO RT), reptiles4all/SS

이 책의 차례

다른 동물을 잡아먹는 동물들

백상아리는 바닷속을 마음대로 헤엄쳐.
치타는 땅에서 무엇보다 빠르게 달리지.
앵무뱀은 나뭇가지를 타고 스르르 기어가.

이 동물들은 생김새도 사는 곳도 달라.
하지만 모두 다른 동물을 잡아먹지.

우리는 이런 동물들을
포식자라고 해.

사냥법 용어 풀이

포식자: 다른 동물을 사냥해서 잡아먹는 동물.

치타는 주로 혼자 사냥을 해.

앵무뱀은 다른 뱀을 잡아먹는 흔치 않은 뱀이야.

백상아리는 거의 모든 바다 생물을 잡아먹어.

바다의 최강 사냥꾼 백상아리

두둥, 백상아리가 나타났어.
맛 좋은 바다표범을
잡아먹으려고!

백상아리가 **사냥감**을 보고 무섭게
달려들어.
그런 다음…… 꽉! 날카로운
이빨로 바다표범을 힘껏 물었지.

이제 백상아리는 바다표범을
문 채로 빙글빙글 돌아.
자, 즐거운 식사 시간이야!

사냥법 용어 풀이

사냥감: 포식자가 사냥하여 먹으려고 하는 대상.

백상아리는 몸집이 소형 트럭만 해.

엄청나지? 백상아리는 왜 사냥을 잘하는

걸까? 백상아리의 몸을 구석구석

들여다보면서 알아보자.

등지느러미: 헤엄칠 때 빠르게
방향을 바꿀 수 있게 도와줘.

콧구멍: 아주 멀리 있는
먹잇감의 냄새도 맡을 수 있지.

귀: 사람이 듣지 못하는
작은 소리도 잘 들어.

눈: 어둠 속에서도
잘 볼 수 있어.

이빨: 톱니처럼 뾰족뾰족해.
먹잇감을 물고 뜯기에 딱 좋아.

가슴지느러미: 몸이 뒤집히지
않게 중심을 잡아 줘.

백상아리는 이빨이
몇 개일까?
보통 이빨 50개 정도가
위아래로 나 있어.

백상아리의 이빨이야.
가장자리가 톱니처럼 생겼어.

Q 날마다 서로 부딪혀야 굶어 죽지 않는 것은?

백상아리의 무시무시한 이빨과 턱이야.

백상아리뿐만 아니라 모든 상어는 이빨이 빠지거나 닳아도 걱정 없어. 안쪽에 있던 이빨이 앞으로 나오며 빈자리를 채우거든. 이렇게 상어는 사는 동안 빠지고 새로 나는 이빨이 약 3만 개나 된대!

날쌘돌이 치타의 사냥법

쉿! 치타가 몸을 한껏 낮추고 살금살금 기어가고 있어. 오늘 저녁 식사를 가젤로 정했거든.

하지만 눈치 빠른 가젤이 알아채고는 잽싸게 도망쳤어. 달려라, 달려! 숨 가쁜 술래잡기가 시작된 거야!

털썩! 얼마 지나지 않아 치타는 가젤을 눈 깜짝할 새에 넘어뜨렸어. 그러고는 목을 콱 물어 버렸지.

치타는 쓰러진 가젤을 보며 침을 꼴깍 삼켰어. 쩝, 이제 배를 채워 볼까?

치타는 몸집이 큰 고양잇과 동물이야.

아프리카 초원에서 주로 볼 수 있지.

뛰어난 사냥꾼, 치타의

몸을 한번 살펴볼까?

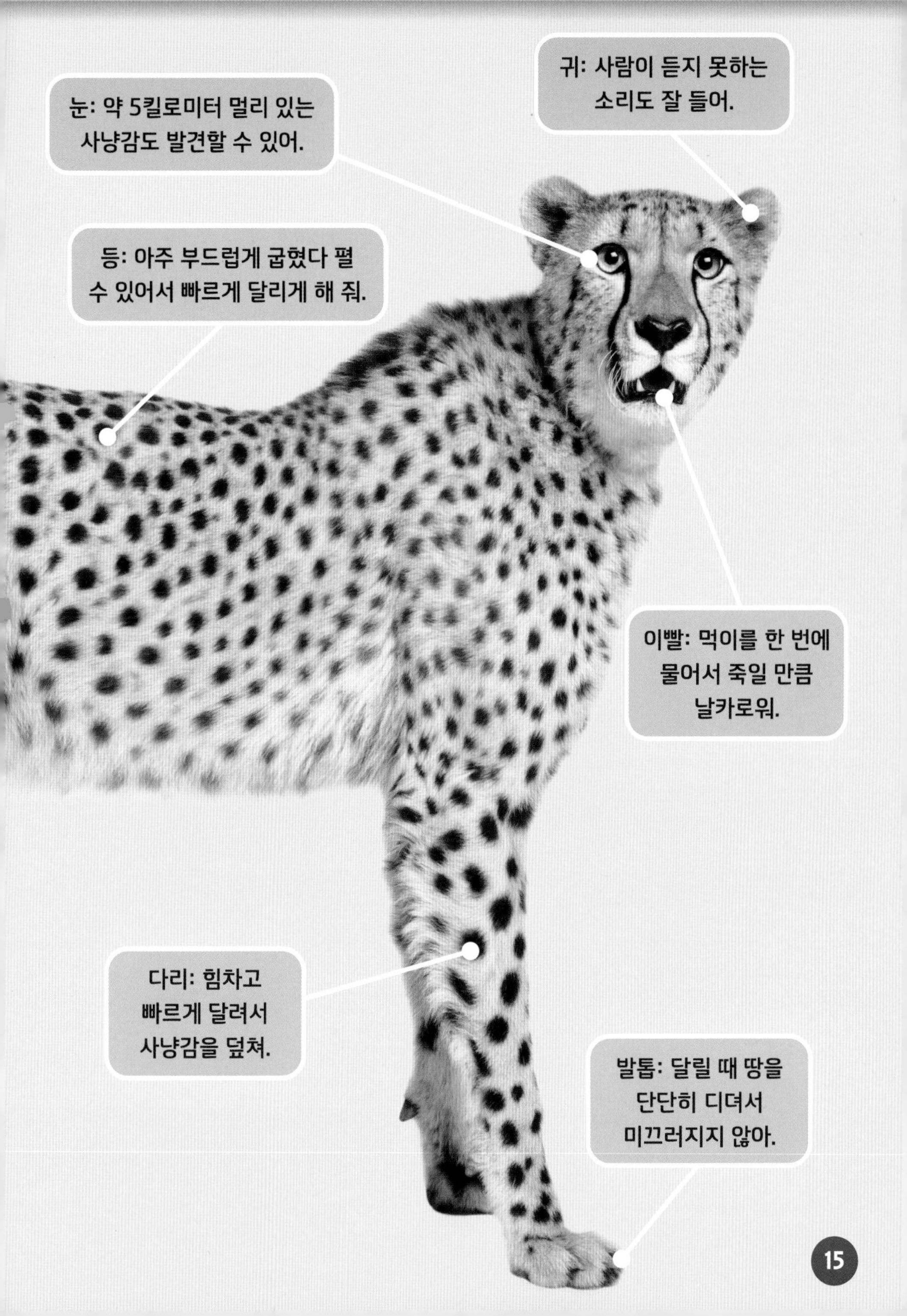

눈: 약 5킬로미터 멀리 있는
사냥감도 발견할 수 있어.

귀: 사람이 듣지 못하는
소리도 잘 들어.

등: 아주 부드럽게 굽혔다 펼
수 있어서 빠르게 달리게 해 줘.

이빨: 먹이를 한 번에
물어서 죽일 만큼
날카로워.

다리: 힘차고
빠르게 달려서
사냥감을 덮쳐.

발톱: 달릴 때 땅을
단단히 디뎌서
미끄러지지 않아.

Q 눈이 좋은 치타도 볼 수 없는 것은?

A 자기 등

치타는 땅에서 가장 빠른 동물이야.

도대체 얼마나 빠르냐고? 치타는 무려 시속 110킬로미터의 속도로 달려. 도로를 달리는 자동차만큼 빠른 거야.

하지만 오래 달리지는 못해. 20초만 달려도 지쳐서 점점 느려지는걸.

이 구역의 스피드 왕은 나!

과연 재빠른 사냥꾼은 치타뿐일까? 사냥할 때 누구보다 잽싸게 움직이는 다른 동물들도 만나 보자.

갯가재는 집게발로 조개껍데기를 부숴서 열어. 이때 집게발이 조개를 내리치는 속도가 무려 시속 80킬로미터나 된대!

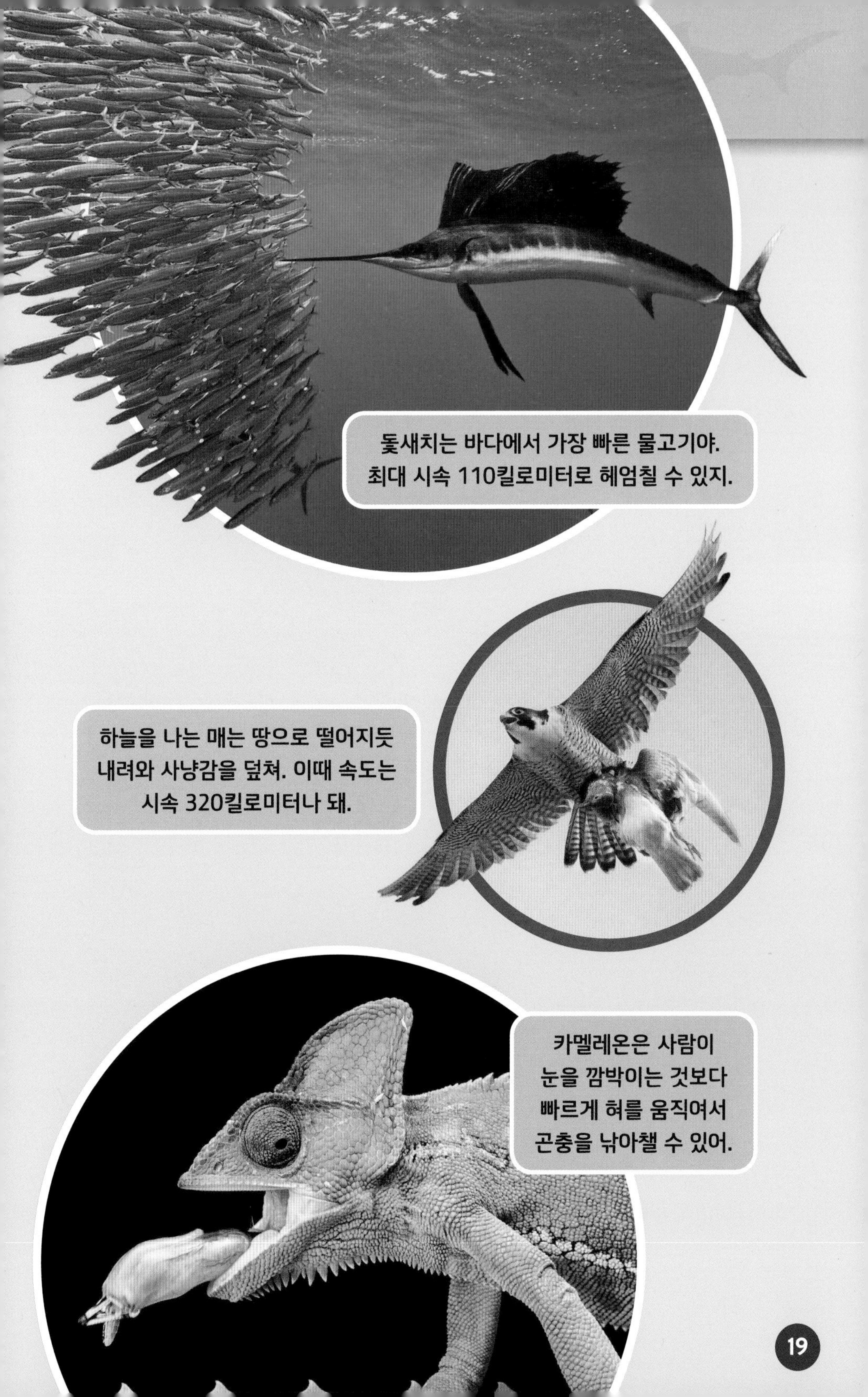
돛새치는 바다에서 가장 빠른 물고기야.
최대 시속 110킬로미터로 헤엄칠 수 있지.
하늘을 나는 매는 땅으로 떨어지듯
내려와 사냥감을 덮쳐. 이때 속도는
시속 320킬로미터나 돼.
카멜레온은 사람이
눈을 깜박이는 것보다
빠르게 혀를 움직여서
곤충을 낚아챌 수 있어.

뱀은 소리 없는 사냥꾼

쉬익, 쉬익.

앵무뱀이 냄새를 맡으려고 혀를 날름거려.

쉬이익, 앵무뱀이 아주

먹음직스러운 냄새를 맡았어.

오늘 저녁 식사는 바로 청개구리야!

앵무뱀은 나무를 감고 스르르 올라갔어.

그러고는 잽싸게 몸을 늘여 청개구리를 한

번에 물었지. 꿀꺽! 아, 맛있다!

Q
뱀 중에 수영을
제일 잘하는 뱀은?
뱀장어
A

눈: 밝은 낮이면
주변을 잘 볼 수 있어.
피부: 비늘 사이의 주름이
잘 늘어나서 자기보다 큰
먹잇감도 꿀꺽 삼킬 수 있지.
혀: 냄새를 맡아
먹잇감을 찾아내.
이빨: 먹잇감을 한 번에
물어서 움직이지 못하게 해.

몸통: 날씬해서 가지 사이에 걸리지 않고 움직일 수 있어.

앵무뱀은 주로 중앙아메리카와 남아메리카에 살아. 나무가 많은 숲속에서 지내지. 앵무뱀은 나무 위에서 사냥하기에 알맞은 몸을 가지고 있어.

비늘: 나무에서 미끄러지지 않도록 잡아 줘.

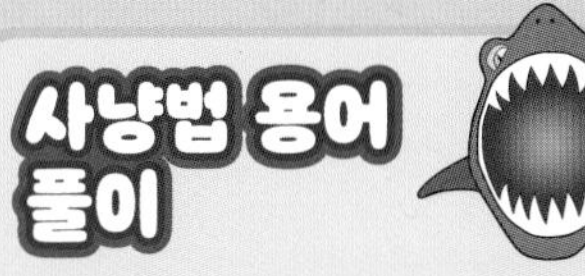

사냥법 용어 풀이

비늘: 물고기나 뱀 등의 몸을 덮고 있는 단단하고 작은 조각.

앵무뱀은 입안에 작고 날카로운 이빨이
최대 36개나 있어. 이걸로 먹잇감을 콱 물어
버리지. 하지만 먹잇감을 꼭꼭 씹어 먹지는
않아. 바로 꿀꺽 삼켜 버려!

앵무뱀은
어떻게 자기
몸보다 큰 먹잇감을 삼키는 걸까?

오늘의 밥은 맛 좋은 두꺼비야. 앵무뱀은 가장 먼저 입을 크게 벌려 두꺼비를 꽉 물어.

그런 다음 위턱을 움직여서 두꺼비를 입안으로 밀어 넣지.

3

쩌억! 앵무뱀은 이제 아래턱을 벌려서 두꺼비를 더 깊이 삼켜.

천천히, 천천히. 두꺼비는 그렇게 앵무뱀의 목구멍 안으로 미끄러져 들어가.

무시무시한 독을 품은 독사

오스트레일리아에 사는 내륙타이판은 아주 위험한 독사야. 단 한 방울의 독으로 사람 수십 명을 해칠 수 있거든.

많은 뱀들이 앵무뱀처럼 사냥을 해. 하지만 **독**을 품은 뱀인 독사는 달라. 큰 송곳니 두 개로 먹잇감을 콱 물고는 독을 흘려보내지!

아프리카에 사는 숲살무사는 커다란 독니가 있어. 하지만 독이 사람을 죽일 만큼 강하지는 않아.

독이 나오는 두 송곳니를 '독니'라고 해.

아시아에 사는 킹코브라는 독사 중에서 몸이 가장 길어. 주로 다른 뱀을 사냥해서 잡아먹지.

사냥법 용어 풀이

독: 사람이나 동물의 건강 또는 생명에 해를 끼치는 물질.

지구의 또 다른 사냥꾼

지금까지 백상아리, 치타, 앵무뱀의 사냥법을 알아봤어. 하지만 지구에 사는 사냥꾼은 이보다 훨씬 많아!

우리 조금 더 만나 볼래?

불가사리의 다섯 다리는 아주 튼튼해. 꽉 닫힌 조개껍데기를 붙잡아 활짝 열 수 있지. 그러면 식사 준비 끝!

사냥꾼은 다양한 곳에
살고 있어. 그리고 다양한
방법으로 사냥을 한단다.

사진 속에 있는 건 무엇?

동물 사냥꾼에 대한 것들을 아주 가까이에서 찍은 사진이야. 사진 아래의 설명을 읽고, 무엇인지 알아맞혀 봐!
잘 모르겠으면 [보기]의 힌트를 보면서 생각해도 좋아! 정답은 31쪽 아래에 있어.

1

백상아리가 헤엄칠 때 빠르게 방향을 바꿀 수 있게 도와줘.

2

치타가 달릴 때 땅을 단단히 디뎌서 미끄러지지 않게 해.

[보기] 매, 등지느러미, 독니, 발톱, 혀, 이빨

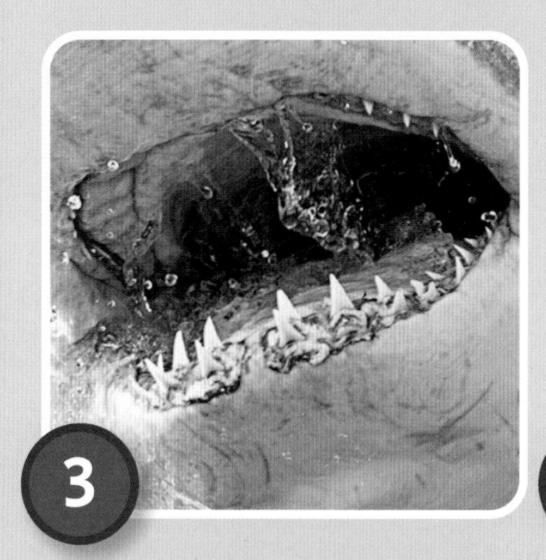

3

상어가 사는 동안 입안에서 3만 개나 빠지고 새로 나는 거야.

4

이 새는 시속 320킬로미터의 속도로 내려오며 먹잇감을 덮쳐.

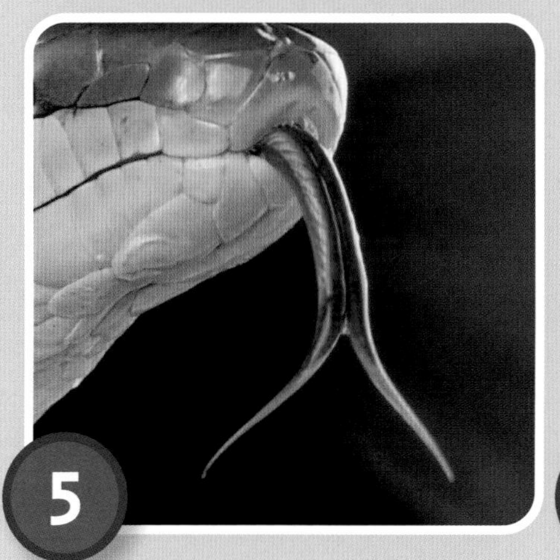

5

앵무뱀은 이것으로 먹잇감의 냄새를 맡아.

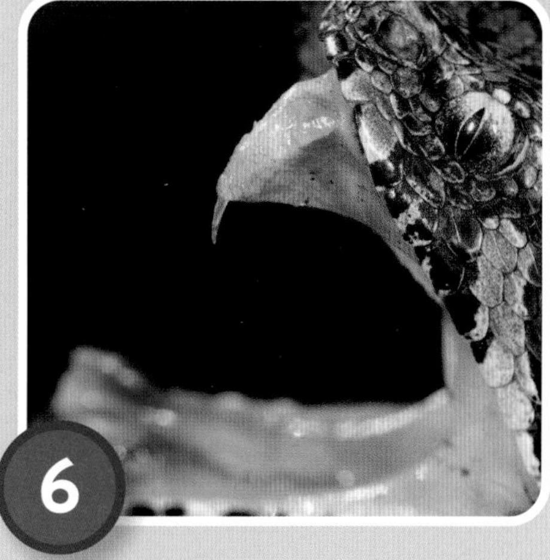

6

독사의 독이 흘러나오는 곳이야.

정답: ① 등지느러미, ② 발톱, ③ 이빨, ④ 매, ⑤ 혀, ⑥ 독니

포식자
다른 동물을 사냥해서 잡아먹는 동물.

사냥감
포식자가 사냥하여 먹으려고
하는 대상.

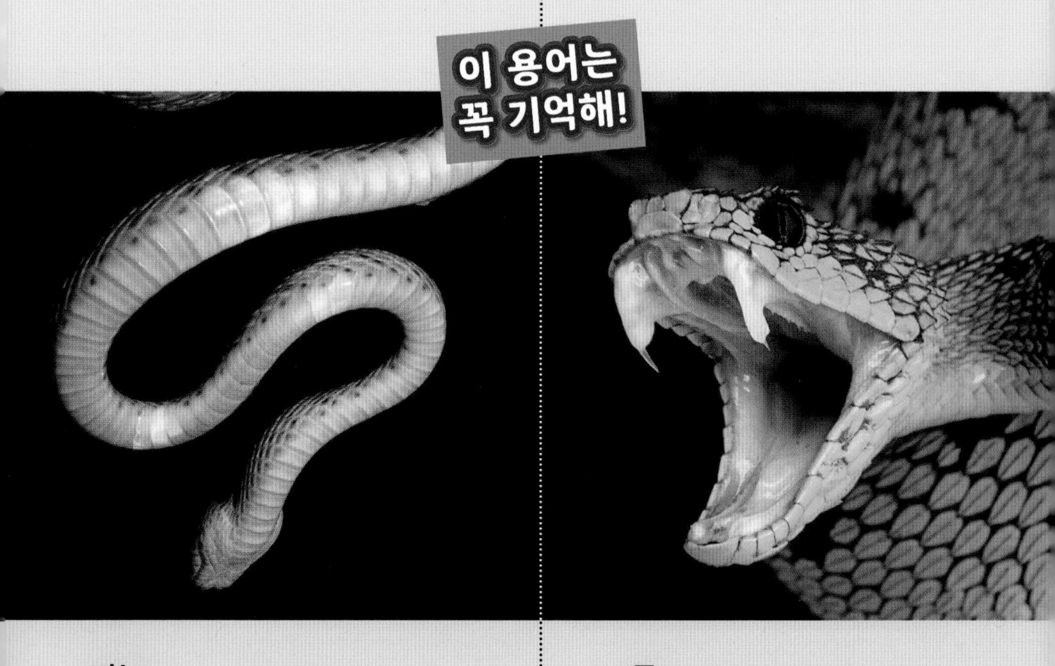

비늘
물고기나 뱀 등의 몸을 덮고 있는
단단하고 작은 조각.

독
사람이나 동물의 건강 또는
생명에 해를 끼치는 물질.